Sitzungsberichte
der Akademie der Wissenschaften
der DDR
Mathematik – Naturwissenschaften – Technik

19 N
1978

H. Böhme / G. Keil / B. Philipp / M. Ringpfeil

# Bedeutung und Einfluß der Chemie auf die Entwicklung der industriemäßigen Produktion der Landwirtschaft

AKADEMIE-VERLAG · BERLIN

Sitzungsberichte
der Akademie der Wissenschaften
der DDR
Mathematik—Naturwissenschaften—Technik

Jahrgang 1978 · Nr. 19/N

H. Böhme / G. Keil / B. Philipp / M. Ringpfeil

# Bedeutung und Einfluß der Chemie auf die Entwicklung der industriemäßigen Produktion der Landwirtschaft

AKADEMIE-VERLAG · BERLIN
1978

Vortrag vor dem Plenum der AdW der DDR
am 13. April 1978 von den Akademiemitgliedern
Helmut Böhme, Gerhard Keil, Burkart Philipp
und Manfred Ringpfeil (Vortragender)

Herausgegeben im Auftrage
des Präsidenten der Akademie
der Wissenschaften der DDR
von Vizepräsident Prof. Dr. Heinrich Scheel

Erschienen im Akademie-Verlag, 108 Berlin, Leipziger Straße 3—4

Lizenznummer: 202 · 100/172/79
Gesamtherstellung: VEB Druckhaus Köthen
Bestellnummer: 762 709 7 (2010/78/19/N) · LSV 1205
Printed in GDR
DDR 4,50 M

Die Besonderheit unseres Planeten ist seine biologisch produktive Oberfläche, die Biosphäre. Sie vermag die eingestrahlte Sonnenenergie durch phototrophe Organismen, vorwiegend grüne Pflanzen, in chemische Energie zu wandeln und in Form organischer Substanz zu speichern. Ausgehend davon laufen in der Biosphäre Prozesse ab, die als Kreisläufe von chemischen Elementen und Verbindungen, Distributions- und Konzentrationsvorgänge sowie Nahrungsketten in Erscheinung treten.

Die Produktion der Biosphäre an organischer Substanz ist erheblich (Abb. 1). Der Energiewert der erzeugten Stoffe ist mehrere Hundert Male größer als der der gegenwärtig geförderten fossilen Kohlenstoffträger. Die Produktivität der Biosphäre, bezogen auf die in Anspruch genommene Fläche und Zeit ist jedoch, verglichen mit industriellen Produktionen, z. B. in der chemischen Industrie, gering.

$$A = 172 \cdot 10^9 \text{ t Trockenmasse/a}$$

$$\begin{aligned} P &= 340 \text{ t Trockenmasse/km}^2 \cdot \text{a} \\ &= 3{,}4 \text{ t Trockenmasse/ha} \cdot \text{a} \\ &= 340 \text{ g Trockenmasse/m}^2 \cdot \text{a} \end{aligned}$$

A... Produktion [Masse/Erdoberfläche · a]
P... Produktivität [Masse/Flächeneinheit · a]

Abb. 1 Produktion und Produktivität der Photosynthese [1]

Die Verteilung der Produktion und Produktivität der Biosphäre in den wesentlichen Ökosystemen der Erdoberfläche zeigt eine deutliche Überlegenheit der Kontinente über die Ozeane. Die Streubereiche für die Produktivitäten sind breitgefächert, d. h. die örtlichen Bedingungen bewirken eine unterschiedliche Nutzung der eingestrahlten Energie (Abb. 2).

Aus diesen wenigen Feststellungen läßt sich schon das Grundproblem für die Nutzung der Produktion der Biosphäre durch den Menschen auf der gegenwärtigen Stufe der Entwicklung der Produktivkräfte ableiten:

Es wird zwar viel organische Substanz gebildet, aber sie fällt mit einer geringen Geschwindigkeit an, so daß Konzentration und Intensität der photosynthetischen Produktion angestrebt werden müssen, um sie industriemäßig betreiben zu können.

Die Landwirtschaft ist die Hauptform der organisierten menschlichen Tätigkeit zur Nutzung der Produktion der Biosphäre. Sie erfolgt mit dem Zweck der Sicherung der Ernährung des Menschen in zwei Richtungen: der Nutzung der photoaktivierten Pflanzenproduktion und der ihre Produkte nutzenden Tierproduktion (Abb. 3). Die Quantifizierung des Schemas gilt auch für die Verhältnisse in der DDR. Es wird ersichtlich, welche großen Verluste an organischer Substanz aus der primären Pflanzenproduktion auf dem Wege ihrer Verarbeitung zu Nahrungsmitteln auftreten. Damit wird ein weiteres Grundproblem der landwirtschaftlichen

| | A [$10^9$ t Trockenmasse/a] | P [t Trockenmasse/$km^2 \cdot a$] | |
|---|---|---|---|
| | | Mittelwert | Streubereich |
| Wald | 80 | 1400 | 250—4000 |
| Ozeane | 55 | 150 | 2—4000 |
| Grasland | 19 | 800 | 200—2000 |
| Verschiedene (Sümpfe, Seen, Tundren, Wüsten) | 9 | 170 | 0—6000 |
| Ackerland | 9 | 650 | 100—4000 |
| | Gesamt: 172 | ∅ 340 | |

Abb. 2 Produktion und Produktivität wesentlicher Ökosysteme [2]

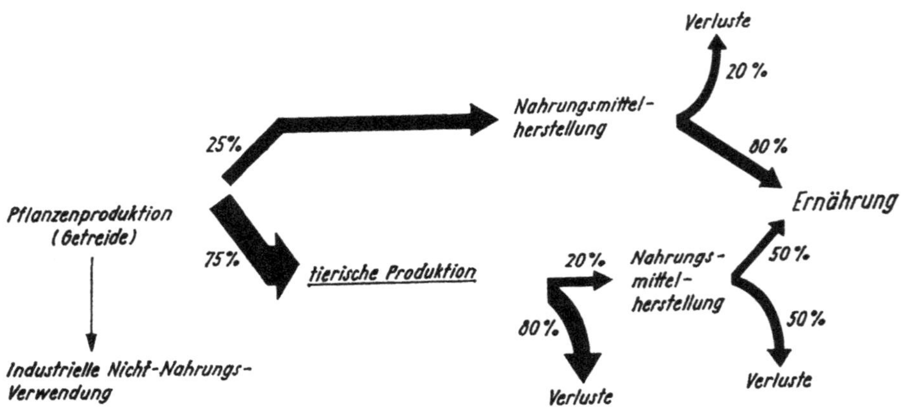


Abb. 3 Prinzipschema der menschlichen Ernährung

Produktion sichtbar: Die Verflechtung zwischen Pflanzen-, Tier- und Nahrungsmittelproduktion erfordert die Anwendung von Technologien, die eine maximale Ausnutzung der primär gebildeten organischen Substanz gewährleisten.

Die Sicherung der Ernährung ist eines der Grundbedürfnisse der menschlichen Gesellschaft und heute gleichzeitig eines ihrer größten Probleme. Prognosen, u. a. der FAO, sagen aus, daß die Zuwachsrate der Menschheit in den nächsten Dekaden bedeutend größer sein wird als die der landwirtschaftlichen Produktion (Abb. 4). Diese Prognosen berücksichtigen wohl den rückständigen und zerrütteten

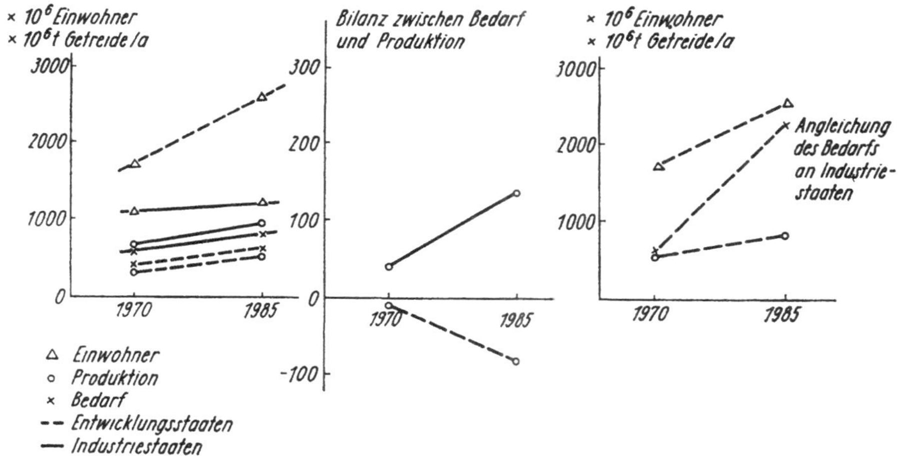


Abb. 4 Einwohner, Getreideproduktion, Getreidebedarf und Prokopfverbrauch für Industriestaaten und Entwicklungsländer [3]

Zustand der Landwirtschaft in vielen Entwicklungsländern, den eine jahrhundertelange koloniale Unterdrückung und Ausbeutung hinterlassen hat, aber sie beurteilen den Bedarf der Entwicklungsländer nach der Kaufkraft der Bevölkerung und nicht nach den Bedürfnissen der Menschen dieser Länder nach ausreichender und gesunder Ernährung. Diese Prognosen gehen davon aus, daß das kapitalistische System in diesen Ländern aufrechterhalten werden muß und daß diese unmenschliche Situation für die Pläne des Imperialismus nach Weltherrschaft nicht unwillkommen ist: ganz offen sprechen die amerikanischen Imperialisten von den „Lebensmitteln als einer Geheimwaffe Amerikas“ [4].

Für die Landwirtschaft und darüber hinaus für die gesamte Wirtschaft in den sozialistischen Staaten entsteht hier eine bedeutende politische Aufgabe: Durch rasche Entwicklung der industriemäßigen Produktion in der sozialistischen Landwirtschaft und die Sicherung einer ausreichenden und gesunden Ernährung der Bevölkerung der sozialistischen Länder den Menschen in den Entwicklungsländern und in den kapitalistischen Industriestaaten zu zeigen, daß die soziale Revolution der einzige Weg für die Befreiung von Hunger und Not, Existenzunsicherheit und rückständigen Arbeitsbedingungen ist.

Ein beeindruckendes Beispiel, wie schnell der von sozialer Unterdrückung befreite Mensch koloniale Rückständigkeit überwinden kann, zeigt die Entwicklung der Arbeitsmethodik bei der Zuckerrohrernte in der Republik Kuba in den letzten sieben Jahren (Abb. 5). Die entscheidenden Veränderungen wurden dabei durch die Initiativen der Werktätigen im sozialistischen Wettbewerb und durch die Hilfe der UdSSR bei der Errichtung einer eigenen Basis für den Landmaschinenbau erzielt.

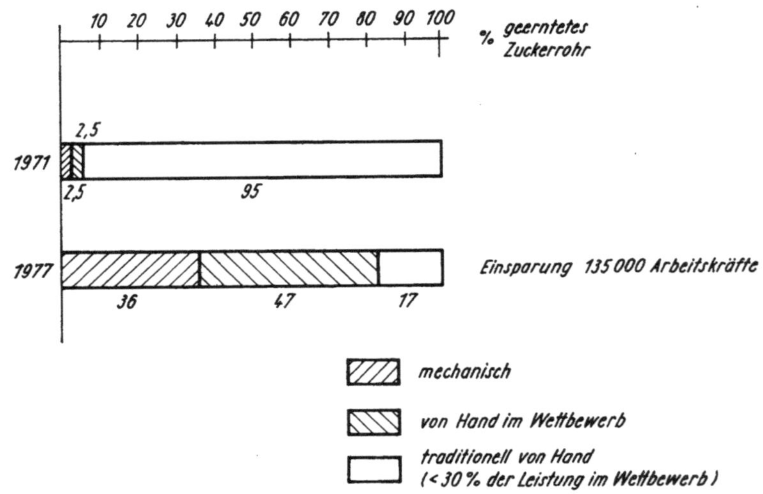


Abb. 5 Ernte von Zuckerrohr nach verschiedenen Technologien in Kuba [5]

Aus diesem Beispiel wird sichtbar, daß die Industrialisierung der sozialistischen Landwirtschaft nicht schlechthin ein Prozeß der Konzentration und Intensivierung der landwirtschaftlichen Produktion unter Erhöhung des Aufwandes an Maschinen, Brennstoffen, Chemikalien, Bewässerung, Melioration und anderen Maßnahmen ist, sondern durch die Entwicklung des Bewußtseins und der Qualifizierung der in der landwirtschaftlichen Produktion tätigen Menschen und durch die sozialistische Kooperation aller Bereiche der Volkswirtschaft sowie der sozialistischen Länder untereinander entscheidend bestimmt wird.

Die Industrialisierung der Landwirtschaft ist eine Tendenz, die in sozialistischen und in kapitalistischen Staaten vor sich geht. Ihren technischen Niederschlag findet sie im steigenden Einsatz von Maschinen, Brennstoffen und Chemikalien bei steigenden Flächenerträgen bzw. Tierkonzentrationen und abnehmendem Aufwand an lebendiger Arbeit (Abb. 6). Eine mögliche einheitliche Basis für die Veränderungen von Aufwand und Ergebnis stellt der Energiewert des Produkts sowie der aufzuwendenden vergegenständlichten und lebendigen Arbeit dar. Solche Berechnungen sind aus der amerikanischen Literatur bekannt. Ihnen liegen Aufwandsberechnungen für Grundmittel und Hilfsmaterialien zugrunde, die ebenfalls, auf energetischer Basis, bis an die Primärrohstoffe zurückgehen.

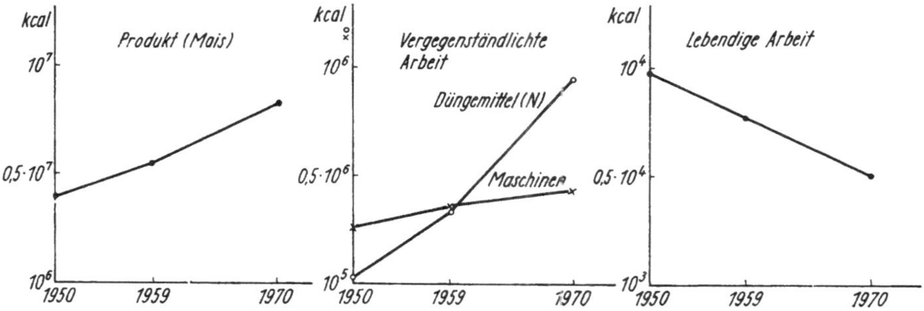


Abb. 6 Tendenzen der Industrialisierung der Landwirtschaft am Beispiel der Pflanzenproduktion [6]

Solche Rechnungen geben für die Erfassung des volkswirtschaftlichen Aufwandes und die Optimierung der Industrialisierung der landwirtschaftlichen Produktion eine weitgehend objektive Grundlage und sollten auch für die Verhältnisse in der DDR aufgestellt und genutzt werden. Aus den vorliegenden Berechnungen folgt, daß die Einsparung lebendiger Arbeitskraft mit einem sehr hohen Aufwand an vergegenständlichter Arbeit erzielt wird. Damit ergibt sich ein weiteres Grundproblem: Die notwendige Konzentration und Intensivierung der landwirtschaftlichen Produktion muß so geführt werden, daß die Entwicklung des gesellschaftlichen Aufwandes für den Mehrertrag an Produkt sowie für die Einsparung lebendiger Arbeit in der landwirtschaftlichen Produktion auf das mögliche Minimum gelenkt werden kann.

Die Industrialisierung der landwirtschaftlichen Produktion stellt sich also als ein komplexer Prozeß dar, an dem viele Bereiche der Volkswirtschaft notwendig beteiligt sind. Die Chemie hat schon traditionelle Bindungen zur Landwirtschaft. Sie

*Pflanze:*

$$CO_2 + H_2O + \text{anorganische Nährstoffe} + \text{Licht} \rightarrow \text{organische Substanz} + O_2 + \text{chemische und Wärme-Energie}$$

*Tier:*

$$\text{organische Substanz} + \text{anorganische und akzessorische Substanzen} + O_2 \rightarrow \text{organische Substanz} + CO_2 + H_2O + \text{chemische und Wärme-Energie}$$

Abb. 7 Grundreaktionen der Pflanzen- und Tierproduktion

liegen nicht nur in der Zulieferungsfunktion der chemischen Industrie für wesentliche Hilfsmaterialien der landwirtschaftlichen Produktion sowie in der Aufnahme und Verarbeitung landwirtschaftlicher Produkte als Rohstoffe für chemische Prozesse, sondern auch darin, daß die Chemie als Wissenschaft an der Aufklärung, dem Verständnis und der bewußten Nutzung der biologischen Stoffwandlungsvorgänge bei der Pflanzen- und Tierproduktion mitgewirkt hat und mitwirkt. Wenn heute die Pflanzen- und Tierproduktion als chemische Gleichungen aufgeschrieben und behandelt werden können, so ist das einer jahrhundertelangen Arbeit von Naturforschern, darunter einer Reihe bedeutender Chemiker, zu verdanken (Abb. 7). Namen wie Priestley, Scheele, Mayer, Boltzmann und vor allem Liebig sind untrennbar mit der Aufklärung der chemischen Grundreaktionen der biologischen Stoffwandlungen verbunden.

In der Phase der Industrialisierung der Landwirtschaft nimmt die Einflußnahme der Chemie quantitativ zu, und es treten neue qualitative Anforderungen auf. Sie liegen in der Bereitstellung neuer Hilfsstoffe für die Intensivierung der Pflanzen- und Tierproduktion entsprechend dem Stand ihrer wissenschaftlichen Durchdringung, in der Ausarbeitung von Methoden zur Nutzbarmachung landwirtschaftlicher Produkte für industrielle, chemische und energetische Zwecke sowie in der Ausbreitung von Verfahren zur Beseitigung umweltschädigender Abprodukte aus industriellen landwirtschaftlichen Produktionen. Eine besondere Bedeutung kann der Einfluß der chemischen Technologie auf die Entwicklung der industriemäßigen Produktion der Landwirtschaft gewinnen, da sie einen größeren Erfahrungsvorsprung aus der industriellen Organisation von Stoffwandlungsprozessen mitbringt.

Die Verflechtung der chemischen Produktion und Chemie als Wissenschaftsdisziplin mit der landwirtschaftlichen Produktion und Agrarwissenschaft gestaltet sich zu einem ständig intensiver und komplexer werdenden Prozeß. Das geht aus vielen Mitteilungen über Forschungs- und Entwicklungsarbeiten in der internationalen Fachliteratur hervor, die die Einbeziehung der chemischen und — neuerdings auch in stärkerem Maße — der mikrobiologischen Produktion in den Stofffluß von der Pflanzen- und tierischen Produktion zu Nahrungsmitteln, Nichtnahrungsprodukten und Energie zum Inhalt haben.

Das Schema (Abb. 8) versucht diese Verflechtungen und ihre Entwicklung zusammenzufassen. Aus ihm wird deutlich, daß die Chemie gebende und nehmende Funktionen gegenüber der Landwirtschaft ausübt:

- Einfluß der Chemie auf die landwirtschaftliche Produktion als wissenschaftliche Methode (Theorie, Analytik, Synthese und Technologie);
- Mittel zur Intensivierung der landwirtschaftlichen Produktion durch Bereitstellung chemischer Produkte;
- Mittel zur Ergänzung landwirtschaftlicher Produktionen durch industrielle Erzeugung gleichgearteter Produkte;
- Mittel zur Nutzung von landwirtschaftlichen Produkten als Rohstoffe für industrielle chemische und mikrobiologische Produktionen.

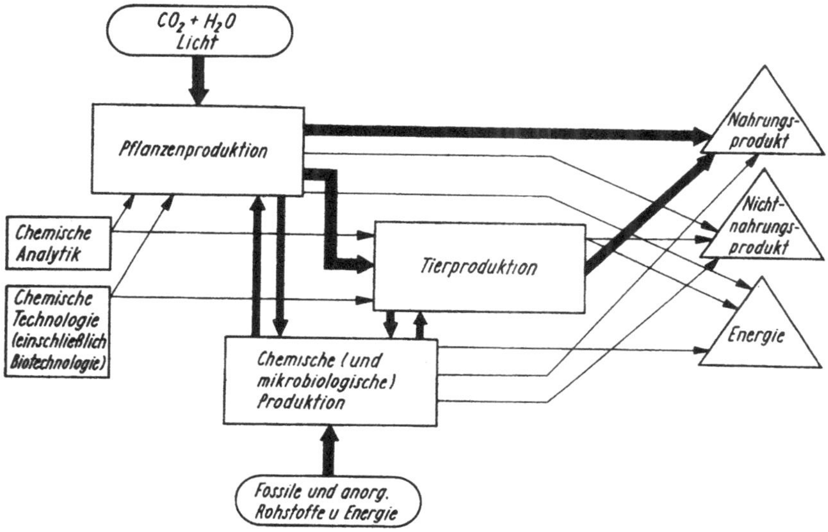


Abb. 8 Verflechtungsbeziehungen zwischen Chemie und Landwirtschaft

*Zur Bedeutung der Chemie als Wissenschaft für die Landwirtschaft*

Mit dem Eindringen der Biologie in die molekulare Ebene der Lebensprozesse gewinnt die Chemie für die Aufklärung, Bewertung und Beeinflussung dieser Prozesse eine entscheidende Bedeutung. Letztendlich löst sich jeder biologische Prozeß in eine Anzahl chemischer und physikalischer Vorgänge auf. Kerngebiete der Biologie, wie Genetik, Regulation oder Physiologie, sind ohne Chemie heute nicht mehr wissenschaftlich zu bearbeiten. Diese Erscheinung setzt sich auch auf dem bedeutenden Anwendungsgebiet der Biologie, der Landwirtschaft, fort. Allerdings wird dieser Tatsache in der Entwicklung der interdisziplinären Zusammenarbeit zwischen Biologie, Chemie und Landwirtschaft noch zu wenig Rechnung getragen. Die Chemie wird noch zu oft für Hilfestellungen bei analytischen oder synthetischen Fragestellungen herbeigewünscht, ohne sie für die Mitarbeit am eigentlichen naturwissenschaftlichen Problem und am Erkenntnisgewinn fordern zu wollen. Hier bedarf es — auch bei uns in der Akademie und in der Landwirtschaftsakademie — des vertieften wissenschaftlichen Austausches über die von der Gesellschaft gestellten Aufgaben und Mittel und Methoden zu ihrer Lösung.

So können neue Ergebnisse auf dem Gebiet der Spurenanalytik und der Analytik von Stoffverteilungen wesentlich zur Kenntnis der Wirkungsweise von Spurenelementen in der Landwirtschaft beitragen und gleichzeitig interessante Probleme für die methodische Arbeit des Analytikers aufwerfen. Die heute für das Gesamtgebiet der organischen Synthesechemie aktuelle Frage einer Erhöhung der Selektivität chemischer Umsetzungen sowie die Frage des Ausbaues der Stereochemie stehen in enger Wechselbeziehung mit der Aufstellung von Struktur-Reaktivitäts-Beziehungen für die „in-vitro-Chemie“ ebenso wie für die Gewinnung von Struktur-Wirkungs-Beziehungen beim Einsatz bioaktiver Substanzen in der Landwirtschaft. Für die weitere wissenschaftliche Durchdringung, Optimierung und Modellierung großtechnischer chemischer Prozesse spielt die begriffliche und experimentelle Beherrschung der Kinetik komplexer Reaktionsabläufe mit ihrem Nebeneinander von Diffusions- und Reaktionsschritten eine ebenso große Rolle wie für die weitere Klärung des Wirkungsmechanismus und die gezielte Weiterentwicklung der in der Pflanzenproduktion eingesetzten chemischen Produkte, da hier nicht nur die eigentliche chemische Umsetzung am Reaktionsort, sondern auch die Geschwindigkeit und Vollständigkeit des Antransportes an den Reaktionsort für die Einsatzqualität solcher Produkte entscheidend ist. Die hier aufgeführten wenigen Beispiele stecken nicht den Gesamtrahmen künftiger interdisziplinärer Arbeit ab, sondern sollen nur die eingangs aufgestellten Thesen veranschaulichen.

Mit der zunehmenden Erkennung der chemischen Mechanismen der biologischen Stoffwandlungsprozesse tritt die Frage ihrer Optimierung und Steuerung mit chemischen Methoden sowie ihrer Durchführung mit der chemischen Technologie analogen Methoden hervor. Besonders in der gegenwärtigen Periode, in der die Industrialisierung der Landwirtschaft und die Herausbildung der Technologie als Wissenschaft parallel erfolgen, ist die Verbindung dieser beiden Entwicklungsrichtungen durch interdisziplinäre wissenschaftliche Zusammenarbeit herbeizuführen. Das Gemeinsame von Landwirtschaft und chemischer Technologie, mit Stoffwandlungsprozessen beschäftigt zu sein, sollte den Ausgangspunkt für eine beiderseitig fruchtbare Wissenschaftskooperation bilden. Obwohl die chemische Technologie in der industriellen Organisation von Stoffwandlungsprozessen einen rund 100 Jahre betragenden Vorsprung aufzuweisen hat und zweifelsohne diesen Erfahrungsschatz gemeinsam mit der Agrarwissenschaft in der landwirtschaftlichen Produktion stärker nutzbar machen kann, können technologische Erkenntnisse aus der chemischen Industrie doch nicht einfach in die Landwirtschaft übertragen werden. Auf dem Gebiet der Tierproduktion haben sich deshalb Spezialisten der Landwirtschaftsakademie und des Forschungsbereiches Chemie unserer Akademie zusammengefunden, um systematisch diese Aufgabe in Angriff zu nehmen.

### *Zur Bedeutung der Chemie für die Pflanzenproduktion*

Die Pflanzenproduktion ist ein für die Ressourcenproblematik der menschlichen Gesellschaft grundlegender Vorgang. Durch photoaktivierte Umwandlung der chemisch endoxidierten, also keinen nutzbaren Energieinhalt aufweisenden Verbindungen Kohlendioxid und Wasser in reduzierte organische Verbindungen, wird aus dem kostenlos verfügbaren Sonnenlicht Energie in der Pflanzenmasse fixiert. Das Sonnenlicht kann man in Anlehnung an K. Marx als Gratisfaktor der Natur bezeichnen [7]. Freilich ist die Pflanze dazu nur in der Lage, indem sie ihren komplizierten biologischen Apparat einsetzt, an dessen Aufbau eine Vielzahl von Elementen beteiligt sind, insbesondere Stickstoff, Phosphor, Kalium, Kalzium und Magnesium. In der auf höhere Erträge gerichteten Landwirtschaft können diese Elemente nicht mehr in ausreichender Menge dem Boden entnommen werden, sondern müssen ihm künstlich in Form von Dünger zugeführt werden. Damit ist die für die Ressourcenproblematik wichtige Fragestellung aufgeworfen: Wieviel Energie muß von der Gesellschaft aufgewendet werden, um eine bestimmte Menge Energie, im pflanzlichen Produkt gespeichert, zu erhalten?

Zur Beantwortung dieser Frage möchten wir in Anlehnung an Munser und Fratzscher [8] die ohne Aufwendung ständig der Erde zufließende Lichtenergie als Einkommensenergie, alle anderen, auf der Erde gespeicherten bzw. durch Arbeit aufbereiteten Energien und Energieträger als Vermögengsenergien kennzeichnen. Die aufgeworfene Frage kann also präzisiert werden: Wieviel Vermögensenergie muß aufgewendet werden, um eine bestimmte Menge Vermögengsenergie, im pflanzlichen Produkt gespeichert, zu erhalten?

Die Frage in dieser Form zu stellen, ist auch deshalb zweckmäßig, weil der Prozeß der Photosynthese in der Pflanze in bezug auf die Nutzung des Gratisfaktors Sonnenlicht sehr ungünstig abläuft (Abb. 9). Transpiration, Lichtreflexion

$2{,}2 \cdot 10^9$ Kcal Licht $\rightarrow$ $4 \cdot 10^6$ Kcal organische Substanz (1 t)

Abb. 9 Energiewandlung bei der Photosynthese, bezogen auf die Getreideproduktion [9]

und Wärmeableitung verschlingen den größten Anteil der von der Pflanze aufgenommenen Lichtenergie [10]. Natürlich hat die Frage nach einer Erhöhung der Nutzung der Lichtenergie Bedeutung für die Konzentration und Intensivierung der Pflanzenproduktion. Man rechnet, daß eine zwei- bis dreifache Erhöhung der Ausnutzung der eingestrahlten Lichtenergie noch im Bereich des Leistungsvermögens der heute gebräuchlichen Kulturpflanzen liegt. Allerdings wird diese Steigerung nur durch komplexe Maßnahmen [11], wie Züchtung von Sorten mit geringerer Atmungsaktivität (weniger Substanzverluste, d. h. Zunahme der organischen Substanz und Abnahme des Kohlendioxidwertes auf der rechten Seite der Reaktionsgleichung in Abb. 9), Züchtung von Sorten mit besserer Blattverteilung, Verminderung des Anteils ungenutzter vegetativer Stoffproduktion, Verringerung der Standweite der Pflanzen, Bodenerwärmung, -belüftung und -bewässerung, erhöhte Düngung, erreichbar.

Die letzteren der genannten Maßnahmen verbrauchen beträchtliche Vermögensenergie. Die eingangs aufgeworfene Frage nach dem Verbrauch an Vermögensenergie bleibt bei der Verfolgung von Maßnahmen zur Erhöhung der Ausnutzung des Sonnenlichts nicht nur erhalten, sondern verschärft sich noch. Für ihre Beantwortung stehen gegenwärtig die bereits früher erwähnten amerikanischen Berechnungen zur Verfügung [6]. Sie erlauben einen Überblick über einen Zeitraum, der durch die Merkmale der Industrialisierung der Landwirtschaft gekennzeichnet ist: Steigerung des Einsatzes vergegenständlichter Arbeit, steigende Erträge und sinkender Einsatz von lebendiger Arbeit (Abb. 10, 11). Es muß jedoch dabei deutlich

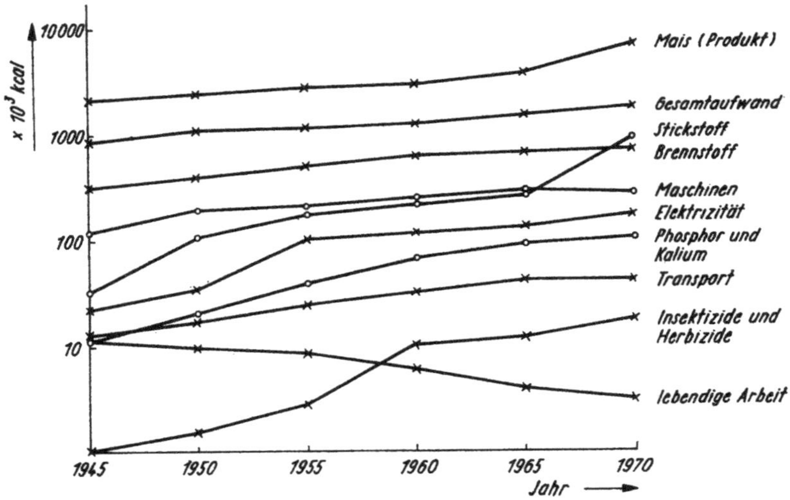


Abb. 10 Entwicklung des Aufwandes der Vermögensenergien für die Maisproduktion mit steigender Industrialisierung

herausgestellt werden, daß das Verhältnis zwischen produzierter und aufgewendeter Vermögensenergie — der energetische Wirkungsgrad der Pflanzenproduktion — eine abnehmende Tendenz aufweist. Immerhin ist dieses Verhältnis größer als 1, d. h. es wird mehr Vermögensenergie produziert als dafür aufgewendet wird (Abb. 12). In diese Darstellung ist zudem nur das Hauptprodukt, das Maiskorn, eingegangen. Setzt man die gesamte vegetative Stoffproduktion der Pflanze an, so erhält man einen energetischen Wirkungsgrad von etwa 5 (Abb. 13). Das bedeutet, daß die Pflanzenproduktion infolge der Ausnutzung des Gratisfaktors Sonnenlicht und energetisch wertloser Stoffe wie Kohlendioxid und Wasser theoretisch sich selbst mit Vermögensenergie versorgen, energetisch autark gestaltet werden könnte. Praktisch hängt das natürlich von ihrer Konzentration und Intensität sowie vom Vorhandensein zweckmäßiger Stoffwandlungsverfahren mit hohem energetischem Wirkungsgrad ab, und es ist heute nicht opportun, eine solche Organisation des Stoff- und Energieflusses anzustreben. Es sollte aber der Blick auf die Notwendigkeit einer vollständigeren und energetisch zweckmäßigeren Nutzung der Nebenprodukte der Pflanzenproduktion gerichtet werden.

Der mit zunehmender Industrialisierung abnehmende energetische Wirkungsgrad läßt die Frage entstehen, ob ein weiteres Voranschreiten auf diesem Weg gerechtfertigt ist. Zunächst ist festzustellen, daß der relativ geringen Abnahme des Aufwands an lebendiger Arbeit mehrere Größenordnungen höhere Aufwendungen an vergegenständlichter Arbeit gegenüberstehen. Aber hier offenbart sich natürlich auch ein Nachteil der einheitlichen Bewertung nach Kalorien. Eine menschliche Arbeitskraft kann eben nicht nach ihrem unmittelbaren energetischen Wert gemessen und verglichen werden. Immerhin erscheint es nützlich, den Aufwand an lebendiger Arbeit zu bestimmen, der in den zunehmenden Positionen Maschinen,

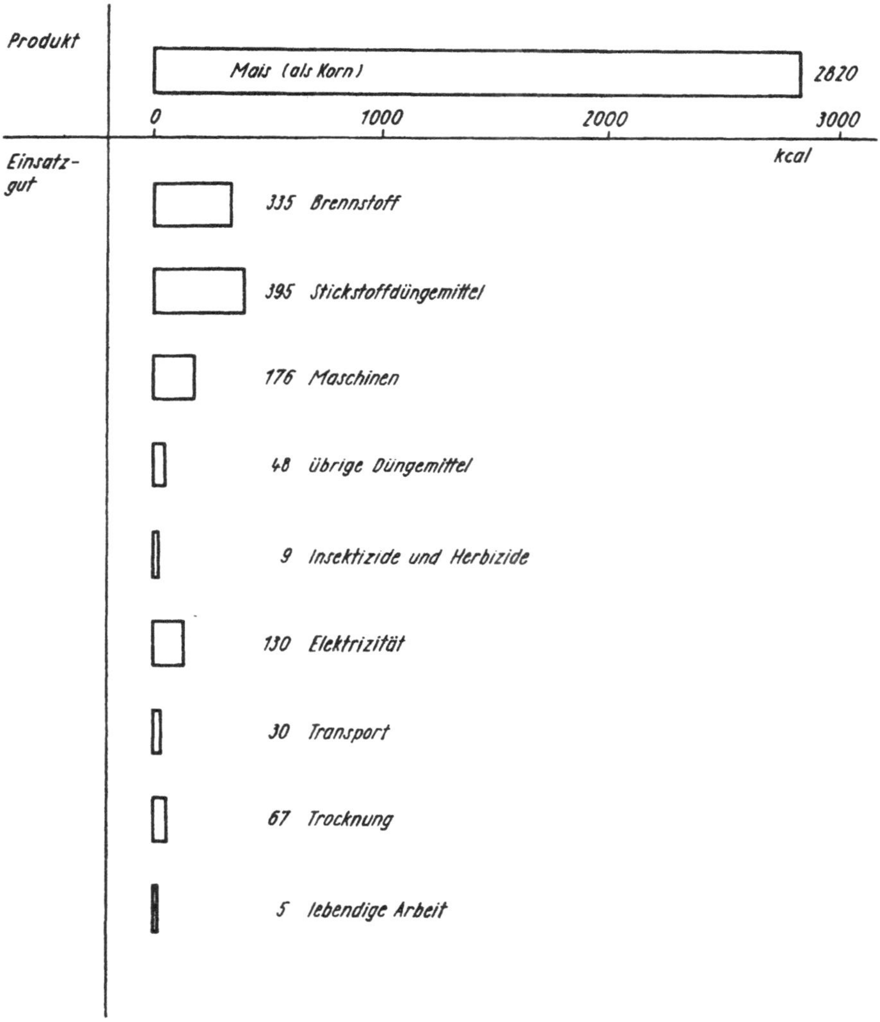


Abb. 11 Energiebilanz der Maisproduktion unter industriellen Bedingungen

Düngemittel, Transport usw. enthalten ist, und festzustellen, ob die Arbeitsproduktivität in den dazugehörigen Industrien ausreicht, um eine wirkliche, d. h. gesamtgesellschaftlich wirksame Senkung des Arbeitskräfteaufwands für die industrialisierte Landwirtschaft herbeizuführen.

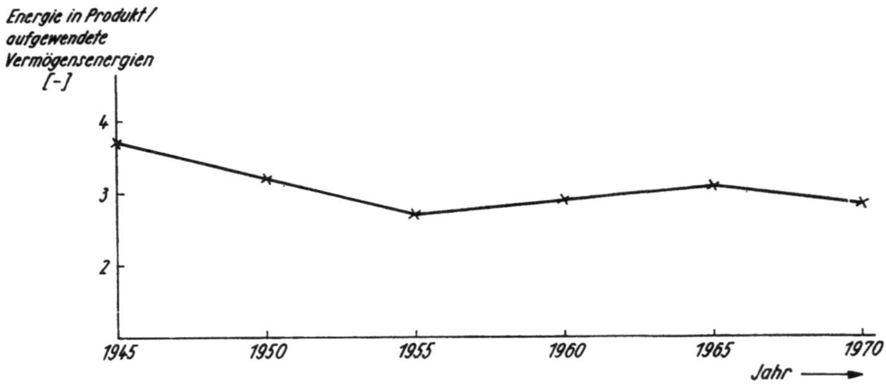


Abb. 12 Entwicklung der Energiebilanz für die Maisproduktion mit steigender Industrialisierung

Aus der energetischen Betrachtung der in die Pflanzenproduktion einfließenden Roh- und Hilfstoffe sollen die Stickstoffdüngemittel etwas näher betrachtet werden. Gemessen am Gewicht ist ihr Anteil an der Produktion gering, gemessen am Energieaufwand nehmen sie aber eine zwei Größenordnungen höhere Rangordnung ein (Abb. 14). Außerdem zeigt sich, daß die Hektarerträge mit steigendem Stickstoffdüngemitteleinsatz schwächer ansteigen als der Düngemittelverbrauch (Abb. 15). Damit werden insbesondere die Stickstoffdüngemittel zu einem entscheidenden Faktor für die energetische Effektivität der Pflanzenproduktion. Die Antwort auf die gestellte Frage nach der weiteren Steigerung der Pflanzenproduktion kann nicht mehr durch die einfache Erhöhung der Stickstoffproduktion in der chemischen Industrie gegeben werden, wie das noch in den vergangenen 10 Jahren bei uns im wesentlichen der Fall war (Abb. 16). Vielmehr müssen stärker komplexe Maßnahmen zur effektiveren Ausnutzung des erhöhten Stickstoffdünge-

$$\frac{\text{kcal im landwirtschaftlichen Produkt}}{\text{kcal Aufwand an Vermögensenergien}} \approx 5$$

[Stickstoffdüngung ∼ 130 kg/ha
Mais (Korn) ∼ 5,2 t/ha
Korn: übrigen Pflanzenteilen ∼ 1 : 1]

Abb. 13

mitteleinsatzes erfolgen, wie Einsatz züchterisch verbesserter Sorten, wissenschaftlich begründetes Düngungsregime, gleichzeitiger Einsatz von Herbiziden und anderen bioaktiven Stoffen und Bewässerung. Ein Beispiel dafür bietet die Anwendung des unter Beteiligung von Einrichtungen unserer Akademie entwickelten Halmstabilisators Camposan, der die Halmfestigkeit bei Getreide erhöht und da-

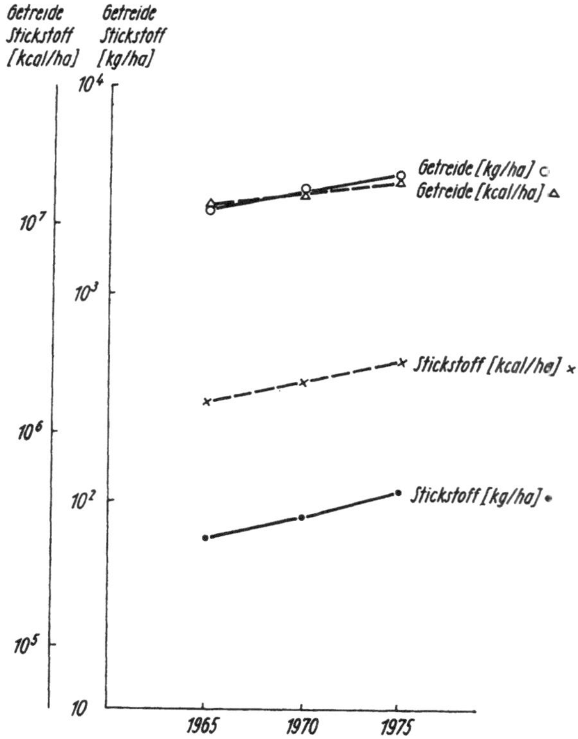


Abb. 14 Stickstoffdüngemitteleinsatz und Hektarerträge an Getreide in der DDR

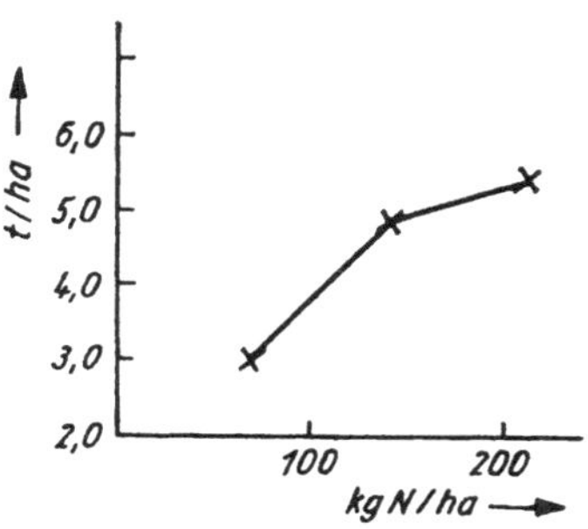


Abb. 15 Nutzung von Stickstoffdüngemitteln bei der Maisproduktion [12]

mit höhere Stickstoffgaben erlaubt, die ihrerseits einen Mehrertrag von 0,5 t Getreide ha ermöglichen [13].

Es soll nicht übersehen werden, daß vor allem in Entwicklungsländern, die über geringe Rohstoff- und Energieressourcen verfügen, weder die Herstellung noch der Import von Stickstoffdüngemitteln erfolgen kann. Für diese Länder steht deshalb immer wieder die Frage nach einer mikrobiellen Bodenbesiedelung, die eine hinreichende Umwandlung von Luftstickstoff in von Pflanzen aufnehmbare Stickstoffverbindungen wie Ammoniak ermöglicht. Neuerdings ist auch die Möglichkeit der genetischen Einführung der Stickstoffassimilationsfähigkeit in die Pflanze selbst diskutiert worden. Beide Methoden könnten natürlich auch zur Entlastung unserer chemischen Industrie beitragen. Bis jetzt zeichnen sich jedoch weder mit der einen noch mit der anderen Methode praktische, in großem Maßstab anwendbare Lösungen ab. Stickstoff ist aus dem Reservoir der Luft zugänglich. Außerdem gibt es einen Kreislauf in der Natur, der elementaren Stickstoff in die Atmosphäre zurückführt. Sehr viel problematischer erscheint die Situation bei den weiteren notwendigen chemischen Elementen für die Pflanzenproduktion, insbesondere beim Phosphor. Letzterer wird im wesentlichen irreversibel verteilt. Der Kreislauf zu Lagerstätten geht nur über die Nahrungskette von Meeresbewohnern und spielt praktisch keine Rolle. Obwohl die Ausbeutung von Lagerstätten gegenwärtig noch stark zunimmt, ist es schon heute gerechtfertigt, im Rahmen der Grundlagenforschung Fragen nach einer möglichen Phosphorgewinnung aus sehr verdünnten Systemen aufzuwerfen.

Schließlich sei noch auf das Problem der Toxizität chemischer Hilfsstoffe für die Pflanzenproduktion hingewiesen.

Die Bemühungen um die Steigerung der Intensität der Pflanzenproduktion gehen über den steigenden Einsatz bioaktiver chemischer Stoffe. Diese sind im Hinblick auf mögliche Schadwirkungen für den Menschen immer kritisch zu bewerten. Bezeichnend für die vorsorgliche Haltung unserer Regierung ist die Substitution

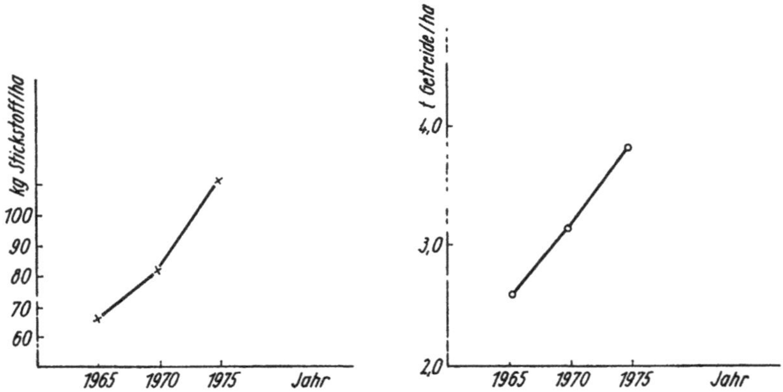


Abb. 16 Stickstoffdüngemitteleinsatz und Hektarerträge an Getreide in der DDR

von DDT, das laut Ministerratsbeschluß von 1970 schrittweise im Feldbau, beim Vorratsschutz, im Gemüse- und Obstbau und in der Forstwirtschaft durch andere, weniger zu Gefährdungen führende Insektizide ersetzt wurde. Die heute vorhandenen Kapazitäten für die toxikologische Prüfung reichen jedoch nicht aus, um die neuentwickelten oder zu anderen Zwecken eingesetzten bioaktiven Stoffe hinreichend auf ihre Verteilung im Boden und im Nahrungsgut sowie ihre Eigenschaften im Stoffwechsel der Mikroorganismen, der landwirtschaftlichen Nutztiere und des Menschen zu untersuchen. Dieses Problem müssen wir uns in der Zukunft entschiedener — auf interdisziplinärer Ebene — widmen. Die Intensivierung der Pflanzenproduktion läßt sich eben in Zukunft nur mit Hilfe des komplexen und konzentrierten Einsatzes chemischer Stoffe mit spezifischen biologischen Wirkungen erreichen. Es geht darum, ihre Auswirkungen auf die Nahrungsketten und letztendlich auf den Menschen zu kennen und möglichen Schädigungen zuvorzukommen.

*Zur Bedeutung der Chemie für die Tierproduktion*

Der Stoffwandlungsschritt in der Tierproduktion ist die Umwandlung des Futters in Lebendmasse, Energie und Abfälle (Abb. 17). Die Hauptbestandteile des Futters sind pflanzlichen Ursprungs, stellen also Vermögensenergien dar (Abb. 18).

Futter → Lebendmasse + Energie + Abfälle

Abb. 17

Chemischen Produkten kommt in dieser Stoffwandlung die Rolle von Zuschlagstoffen zu, die Quantität und Qualität der Lebendmasse beeinflussen. Von der quantitativen Seite her überwiegen die Stickstoffträger. Sie spielen in der Tierproduktion eine ähnliche Rolle wie die Dünger in der Pflanzenproduktion [15]. Bis vor kurzem waren die Dimensionen des Einsatzes chemischer Stoffe nicht groß, aber durch die Konzentrierung und Intensivierung der Tierhaltung nimmt ihre Bedeutung rasch zu.

| | |
|---|---|
| Grünfutter | 9,5 t |
| Konservat | 18,7 t |
| Konzentratfutter | 1,3 t |
| Harnstoff | 0,03 t |

Abb. 18 Richtwerte für den Jahresfutterbedarf einer Milchkuh [14]

Abhängig vom Verdauungssystem der landwirtschaftlichen Nutztiere werden an die Stickstoffträger unterschiedliche Anforderungen gestellt. Wiederkäuer können auf Grund der mikrobiellen Besiedlung ihres Magen-Darm-Traktes die Synthese von Eiweiß und damit der notwendigen Aminosäuren aus Kohlehydraten und einfachen Stickstoffquellen wie Harnstoff und Ammoniak durchführen. Die praktische Verwirklichung des Gedankens, den Magen-Darm-Trakt der Wiederkäuer als anaeroben Fermentor für die mikrobielle Eiweißproduktion zu betrachten [16], ist von außerordentlicher wirtschaftlicher Bedeutung geworden. So vermag 1 kg Futterharnstoff bei der Rinderfütterung 2,2 kg Rohprotein aus Konzentratfuttermitteln zu ersetzen. Das reicht aus, um das Eiweiß in 10 l Milch oder 2 kg Rindfleisch zu erzeugen [14]. Die zweckmäßigste Anwendungsform ist die Vorvermischung mit stärkehaltigen Futterstoffen und eine anschließende oder gleichzeitige thermische Behandlung, die zur chemischen Bindung des Harnstoffs an Stärke führt. Die Harnstoffanwendung erfolgt meist so, daß etwa ein Drittel der in der Ration erforderlichen Rohproteinmenge ersetzt wird. Bei den Monogastriden sind die qualitativen Futteransprüche weit höher. Die optimale Zusammensetzung der Aminosäuren ist von entscheidender Bedeutung für die Qualität und Quantität der Lebendmassezunahme. Deshalb werden in steigendem Maße industriell hergestellte Konzentratfuttermittel wie mikrobielles Eiweiß und synthetische Zuschlagstoffe wie die Aminosäuren Methionin und Lysin benötigt.

Die energetische Seite der Tierproduktion kann nicht unter den gleichen Voraussetzungen wie die der Pflanzenproduktion betrachtet werden, da hier eben nur Vermögensenergien zum Einsatz kommen (Abb. 19). Deshalb spielen die chemischen Zuschlagstoffe eine bedeutende Rolle für die Energieausnutzung im Rahmen der Tierproduktion. Ein Zusatz von Lysin zum Getreide erhöht z. B. dessen Ausnutzung erheblich.

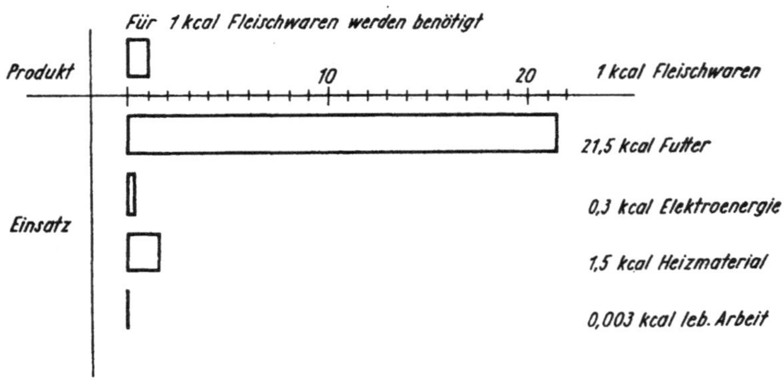


Abb. 19 Energieausnutzung bei der industriellen Schweineproduktion (bezogen auf eine Anlage von 6000 Plätzen) [17]

Im Vergleich zur Pflanzenproduktion ergibt sich ein energetischer Wirkungsgrad, der sehr viel kleiner ist (Abb. 20). Dieser niedrige Wirkungsgrad veranlaßt zu einer Betrachtung über die Zweckmäßigkeit und den Wert der Tierproduktion aus energetischer Sicht. Es zeigt sich, daß das Futter für die Monogastriden von der chemischen Zusammensetzung und der biochemischen Wirkung her gesehen nicht minderwertiger als das daraus gewonnene tierische Produkt für die menschliche Ernährung ist. Das Futter der Wiederkäuer enthält hingegen größere Anteile von Nichtnahrungsstoffen und wird durch die mikrobielle Synthese im Pansen erst für den tierischen Stoffwechsel aufbereitet. Es ist deshalb von der chemischen Zusammensetzung und biochemischen Wirkung her gesehen deutlich minderwertiger als das daraus gewonnene tierische Produkt.

$$\frac{\text{kcal im tierischen Produkt}}{\text{kcal Aufwand an Vermögensenergien}} \approx 0{,}05$$

Abb. 20

*Monogastriden:*

| | | | → | | | |
|---|---|---|---|---|---|---|
| Kohlenhydrate | (+) | | | Kohlenhydrate | (+) | |
| Fette | (+) | | | Fette | (+) | |
| Eiweiß | (+) | E (+) | ——→ | Eiweiß | (+) | E (+) |
| | | G (−) | | | | G (+) |

*Wiederkäuer:*

| | | | → | | | |
|---|---|---|---|---|---|---|
| Kohlenhydrate | (−) | | | Kohlenhydrate | (+) | |
| Fette | (+) | | ——→ | Fette | (+) | |
| Nichteiweißverbindungen | (−) | E (−) | | Eiweiß | (+) | E (+) |
| | | G (−) | | | | G (+) |

Abb. 21 Stoffwandlungsgleichungen für die Tierproduktion unter Berücksichtigung des Ernährungswertes [E] und die organoleptische Akzeptierungsmöglichkeit für den Menschen [G]

Die Stoffwandlungsgleichungen für die Tierproduktion können deshalb auch in einer den Zweck und Wert der Stoffwandlung charakterisierenden Form geschrieben werden (Abb. 21). Danach dient die Produktion von Monogastriden im wesentlichen der geschmacklichen Verbesserung vorhandener Nahrungsstoffe, d. h. das Futter enthält eigentlich nur Stoffe, die vom Ernährungswert her gesehen auch für den Menschen brauchbar wären. Die Produktion von Wiederkäuern hingegen wandelt zu einem beträchtlichen Teil Nichtnahrungsstoffe in Nahrungsstoffe um. Es ist deshalb gerechtfertigt, die Frage zu stellen, ob die Produktion von Monogastriden wirklich eine optimale Form der Aufbereitung von Nahrungsstoffen für die menschliche Ernährung ist oder ob es andere, zweckmäßigere Formen geben kann. Diese Frage — so ungewöhnlich sie auch erscheinen mag — enthält als Kern die direkte Verwertung pflanzlicher Nahrungsstoffe für den Menschen durch neue industrielle Aufbereitungsverfahren bzw. die industrielle Synthese von Nahrungsstoffen für den Menschen aus Nichtnahrungsstoffen (z. B. mikrobielles Eiweiß).

In der Tierproduktion stellt das Tier selbst einen hohen Grundmittelwert dar, der unbedingt im optimalen Zustand, also gesund, erhalten werden muß. Die hohe Tierkonzentration in der industriellen Tierproduktion bringt neue Forderungen an die hygienischen und veterinärmedizinischen Bedingungen und Betreuungen mit sich. Zum großen Teil werden diese über chemische Verbindungen, die dem Futter beigemischt werden, gelöst (Abb. 22). Ohne solche Beimischungen ist eine Intensivhaltung in der Tierproduktion nicht durchführbar.

Von großer ökonomischer Bedeutung für die industrielle Tierhaltung ist die Erzielung vorbestimmter Absetztermine von Jungtieren, die Geschlechtsdetermination und die Erzeugung von Zwillingsgeburten bei Rindern. Die auf diesen Gebieten sich andeutenden Lösungen werden ebenfalls unter Nutzung chemischer Verbindungen erreicht.

| | |
|---|---|
| Antibiotika | 10—220 mg/kg Futter |
| Antioxidantien | 70—560 mg/kg Futter |
| Kokzidiostatika | 90—120 mg/kg Futter |

Abb. 22 Futterbeimischungen zur Gesunderhaltung und Steigerung der Leistungsfähigkeit der Tiere in der DDR

Die rasche Zunahme der industriellen Tierproduktion und die damit verbundene hohe Tierkonzentration hat jedoch auch Probleme mit sich gebracht. In vielen Ländern existiert gegenwärtig die Problematik der Abproduktbeseitigung. Schweine-, Hühner- und Rindergülle führen örtlich zu Belästigungen und potentiellen gesundheitlichen Gefährdungen für die Bevölkerung. Ihre Beseitigung führt zu empfindlichen Belastungen der Ökonomie der Tierproduktion.

Die hauptsächlichen erschwerenden Faktoren sind Geruch, Salzgehalt, ungünstiges Verhältnis zwischen den Elementen C, N, P und K sowie die große Flüssigkeitsmenge. Gegenwärtig werden viele Vorschläge zur Beseitigung und Verwertung von Gülle diskutiert. Ihre Verwirklichung hängt stark von den örtlichen Gegebenheiten ab. Allgemein läßt sich jedoch feststellen, daß immer wiederkehrende Elemente der Lösungsvorschläge die Reduzierung der Flüssigkeitsmenge durch Kreislaufführung der wäßrigen Phase und die Einbeziehung der mikrobiellen Produktion in das Industrialisierungsschema der Tier- und Pflanzenproduktion (Abb. 23) sind.

Letztendlich ist der Rückstand bei der adäquaten Industrialisierung der mikrobiellen Kultur der Hauptgrund für die bei der Beseitigung der Gülle auftretenden Probleme. Ob mit einer einfachen Intensivierung der mikrobiellen Tätigkeit im landwirtschaftlichen Produktionssystem bereits eine befriedigende Lösung der Gülleproblematik erreicht wird, ist fraglich. Die von außen in das System ständig eingeführten Salze können nur über die Teilsysteme Boden/Grundwasser/Vorfluter abgeführt werden. Eine Ausspeisung der Salze aus dem System durch ihre Abtrennung von der wäßrigen Phase wird wahrscheinlich erforderlich. Außer aufwendigen thermischen Verfahren gibt es zur Zeit noch keine befriedigenden Lösungen. Welche Lösung jedoch angestrebt wird — jede fordert möglichst hohe Eingangskonzentrationen und damit Kreislaufführung der wäßrigen Phasen. Der Wunsch, zur ökonomischen Entlastung der Güllebeseitigung eine partielle Rückführung mikrobieller Biomasse (Eiweiß) zu bewerkstelligen, trifft heute weniger auf technologische als vielmehr physiologische Probleme. Eine Ursache dafür ist, daß ein Vielstoffgemisch, wie es die Gülle darstellt, nur mit einem Vielorganismengemisch aufbereitet werden kann, dessen Zusammensetzung und Konstanz nicht hinreichend kontrollierbar ist, so daß gegenwärtig Bedenken wegen des Einschleusens von Toxinen in die Tierproduktion entstehen. Eine weitere Ursache stellt die mögliche Rückführung von unzerstörten Arzneimitteln und Tieraufzuchtmitteln in die tierische Produktion dar, deren Folgeerscheinungen, hauptsächlich in bezug auf Resistenzübertragungen, noch nicht überblickt werden.

Die Probleme der Güllebeseitigung müssen schnell überwunden werden — und unsere Akademie arbeitet daran mit —, um die weitere Industrialisierung der Tierproduktion nicht zu bremsen. Nur sie ist in der Lage, den steigenden Versorgungsansprüchen der Bevölkerung gerecht zu werden und Exportüberschüsse zu erzielen.

Die Schlußfolgerungen können deshalb nur sein, die industrielle Tierproduktion

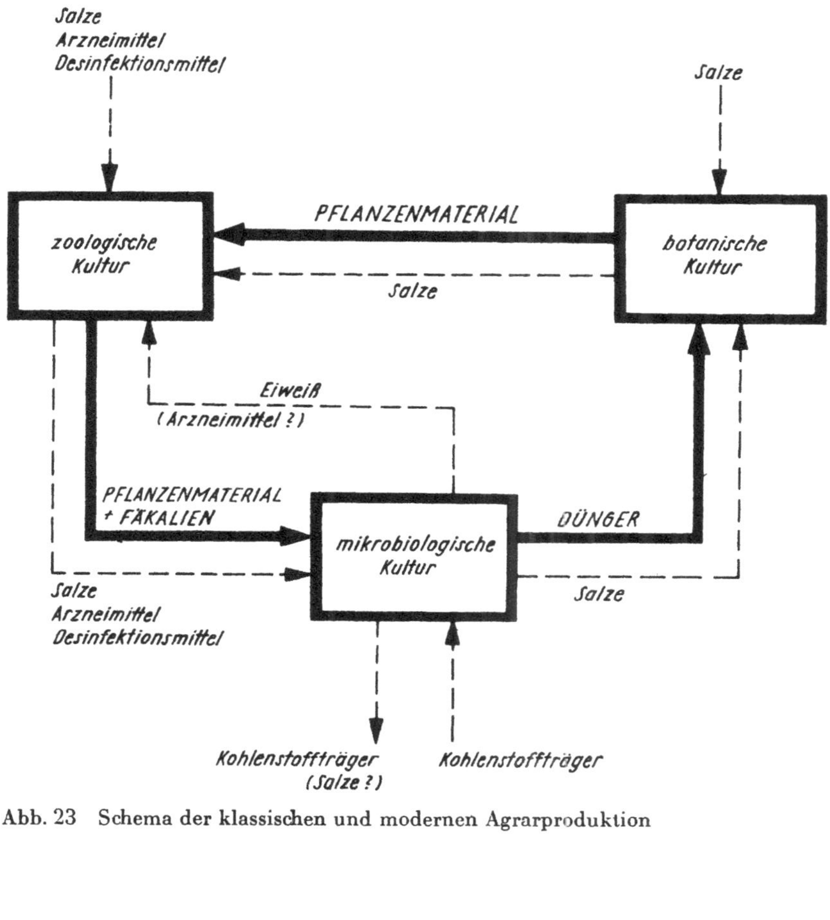


Abb. 23 Schema der klassischen und modernen Agrarproduktion

zielstrebig weiterzuentwickeln und von seiten der Chemie dazu beizutragen, durch Bereitstellung von Stickstoffträgern, Vitaminen, Arzneimitteln, Antioxidantien und Tieraufzuchtmitteln die Futterausnutzung zu erhöhen, die Tierverluste zu senken und die Aufzucht zu beschleunigen sowie durch Verfahrensentwicklungen die Einpassung der industriellen Tierproduktion in die Umwelt zu erleichtern.

### *Zur industriellen Erzeugung von Nahrungsmitteln aus Nichtnahrungsstoffen*

Die zweifellos kritische Situation der Nahrungsmittelversorgung in der Welt läßt immer wieder die Frage auftreten, wie Nichtnahrungsstoffe in Nahrungsmittel umgewandelt werden können (Abb. 24).

| | | |
|---|---|---|
| nicht eßbare Rohstoffe | | Nahrungsmittel |
| *(Kohlenwasserstoffe* | | *(Eiweiß* |
| *niedere Alkohole* | ⟶ | *Kohlenhydrate* |
| *niedere organische Säuren* | | *Fette)* |
| $CO_2/H_2$ | | |
| *Cellulose)* | | |

Abb. 24

In den letzten 20 Jahren wurde vor allem die Erzeugung von Eiweiß aus Nichtnahrungsstoffen in den Vordergrund gestellt. Hierunter gehören

- die Extraktion von Eiweiß aus nicht der menschlichen Ernährung zuführbaren Pflanzen und Pflanzenbestandteilen,
- die mikrobielle Synthese von Eiweiß aus fossilen Kohlenstoffquellen und nicht verdaulichen Pflanzenbestandteilen, insbesondere der Cellulose,
- die chemische und mikrobiologische Synthese von essentiellen Aminosäuren als Zusatz zu minderwertigen bzw. schlecht ausnutzbaren Eiweißen in herkömmlichen pflanzlichen Nahrungsmitteln (Getreide).

Während die Synthese von Lysin und Methionin als den hauptsächlichen defizitären Aminosäuren in pflanzlichen Nahrungsmitteln bereits in breiterem Maße angewendet wird, hat sich die Extraktion von Pflanzeneiweiß noch nicht durchsetzen können.

Ernstzunehmende Bedeutung gewinnt die mikrobiologische Gewinnung von Eiweiß. Sie wird gegenwärtig mit der Hauptrichtung der Gewinnung von Futtereiweiß durchgeführt. Sie ist eine komplexe Stoffwandlung (Abb. 25). Das mikrobiologisch gewonnene Eiweiß entspricht in der Qualität dem tierischen Eiweiß. Hefeeiweiß ist besonders lysinreich. Bakterieneiweiß ist besonders methioninreich. Als Zuschlagstoff zu Futtermitteln hat sich Hefeeiweiß aus Dieselkraftstoff, gereinigten n-Alkanen und Kohlehydraten bewährt. Bakterielles Eiweiß aus Erdgas,

Methanol und organische Stoffe enthaltenden Abwässern hat noch keine breite Prüfung erfahren und wird gegenwärtig zurückhaltender beurteilt. Energetisch ist die Nutzung von Bakterien zweckmäßiger. Außerdem können solche Rohstoffe wie Erdgas und Abwässer mit mehreren, verschiedenen Substanzklassen angehörenden organischen Inhaltsstoffen nur mit Hilfe von Bakterien umgewandelt werden.

$$C_nH_mO_p + NH_4 + PO_4 + O_2 + \begin{matrix}\text{anorganische}\\ \text{Spuren}\end{matrix}$$

$$\longrightarrow \underbrace{\begin{bmatrix} CH_{1,7}\,O_{0,5}\,N_{0,17}\,P_{0,01} \\ (C(H_2O))_n \\ RCOOR \\ \text{organische Minorprodukte} \end{bmatrix}}_{\text{Zellsubstanz}} \begin{matrix} 50\text{–}80^{*)} \\ 15\text{–}30 \\ 1\text{–}10 \\ 5\text{–}20 \end{matrix} + CO_2 + H_2O + \text{Wärme}$$

*) *Prozentualer Anteil an der Zellsubstanz*

Abb. 25 Grundgleichung der mikrobiellen Eiweißsynthese

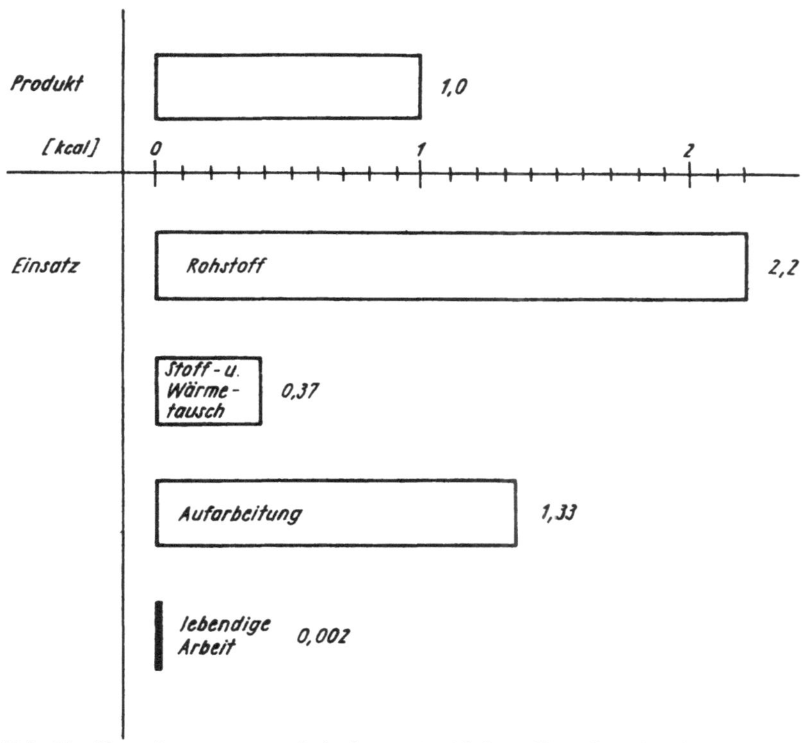


Abb. 26 Energieausnutzung bei der mikrobiellen Eiweißproduktion aus Dieselkraftstoff [19]

Auch die mikrobielle Synthese von Eiweiß beruht ausschließlich auf der Verwendung von Vermögensenergien. Ihre Effektivität ist jedoch beträchtlich höher als die der tierischen Produktion (Abb. 26, 27).

$$\frac{\text{kcal im mikrobiellen Produkt}}{\text{kcal Aufwand an Vermögensenergien}} \approx 0{,}25$$

Abb. 27

Die Rohstofffrage ist von großer Bedeutung für die weitere Entwicklung der mikrobiellen Eiweißsynthese. Neben der Nutzung industrieller Rohstoffe kommt immer mehr die Frage nach Nutzung der verbreitetsten, sich immer wieder erneuernden Kohlenstoffquelle auf: der Cellulose. Mikroorganismen können nicht die native, polymere Cellulose aufnehmen, sondern nur ihren Grundbaustein, die Glucose. Bis jetzt wendet man für die Spaltung der Cellulose zu Glucose energieaufwendige und abfallerzeugende chemische Hydrolysemethoden an. Sie stehen der breiteren Nutzung der Cellulose deshalb im Wege, weil ihre ökonomische Durchführung einen Maßstab verlangt, der nicht dem verteilten Anfall der zellulosehaltigen Rohstoffe in der landwirtschaftlichen Produktion entspricht.

Gegenwärtig werden in aller Welt breite wissenschaftliche Untersuchungen angestellt, um mit energiesparenden Methoden die Geschwindigkeit und Ausbeute des in der Natur ablaufenden enzymatischen Celluloseabbaus zu erhöhen und industrielle Verfahren zu schaffen. Auch unsere Akademie beteiligt sich an diesen Forschungen. Mit dem Erfolg dieser Bemühungen stünden Verfahren zur Verfügung, die die Prozesse im Verdauungssystem der Wiederkäuer auf dem Niveau industrieller Technologie durchzuführen gestatten und im Maßstab dem Anfall der cellulosehaltigen Rohstoffe besser angepaßt werden können.

Ähnlich wie bei Pflanzeneiweiß stellt sich auch beim mikrobiellen Eiweiß die Frage, ob ein direkter Einsatz in die menschliche Ernährung möglich ist.

Technologisch sind die Prozesse zur Gewinnung von Eiweißkonzentraten und -isolaten als Grundstoff für Nahrungsmittelkompositionen beherrschbar. Produkte mit unterschiedlichen lebensmitteltechnologischen Verarbeitungseigenschaften und Eiweißanteilen stehen zur Verfügung (Abb. 28). Die eigentliche Problematik liegt heute in der medizinisch-biologischen Beurteilung dieser Produkte. Da es an Ergebnissen dazu fehlt, gehen die Meinungen weit auseinander.

So wird heute von einer Reihe Wissenschaftlern die These vertreten, mikrobielles Eiweiß für die menschliche Ernährung sei nur durchzusetzen, wenn man bei der Herstellung des Vorprodukts, der mikrobiellen Biomasse, von Äthanol oder Saccharose und dem der Backhefe zugrundeliegenden Organismus, der Hefe Saccharomyces cerevisiae, ausgehe. Grund dafür sei die jahrhundertelange Erfahrung der Menschheit mit dem Verzehr von Backhefe, wobei keine Schäden aufgetreten sind. Aber offensichtlich spielt dabei eine Rolle, daß in der Backhefeproduktion die abgepreßte Mikroorganismenmasse direkt sichtbar wird. In weit breiterem Maße als die Backhefe verzehren wir nämlich seit langem und regelmäßig Bakterien und Pilze: in den Sauermilchgetränken, im Sauerkraut, im Brot, im Käse und dort sogar teilweise die lebenden Organismen. Nur werden hier die Organismen nicht isoliert sichtbar.

| Eiweißprodukt | Art | Eiweißgehalt % | Anwendung als |
|---|---|---|---|
| Proteinkonzentrat | Eiweiß in den Zellen eingeschlossen | 60–65 | Proteinsupplement, nicht strukturierbar |
| Proteinisokonzentrat | Eiweiß aus den Zellen herausgelöst, auf die Zellreste wieder aufgefällt | 60–65 | Proteinsupplement, bedingt strukturierbar |
| Proteinisolat | Eiweiß aus den Zellen herausgelöst, gereinigt | 80–90 | Grundkomponente oder Proteinsupplement, strukturierbar |

Abb. 28 Produkte der Aufarbeitung mikrobieller Biomasse zu Eiweiß [19]

Natürlich stellt die Massenernährung mit Hilfe von mikrobiellem Eiweiß ein neues Gebiet dar, das eine gründliche Bearbeitung, insbesondere vom medizinisch-biologischen und auch chemisch-analytischen Standpunkt erfordert. Zum gegenwärtigen Zeitpunkt erscheinen aber die Bemühungen um weitreichende medizinisch-biologische und chemisch-analytische Fragestellungen noch zu gering. Die Aktivitäten auf diesem Gebiet erschöpfen sich noch zu sehr in Routineuntersuchungen nach übernommenen Mustern. Es ist an der Zeit, daß grundsätzliche medizinisch-biologische und davon abgeleitet chemisch-analytische Fragestellungen aufgeworfen und bearbeitet werden, die zu einer sachlichen Einschätzung der Möglichkeiten zur Erleichterung der Ernährungssituation führen.

In ähnlicher Weise trifft das auf die Nutzung von mikrobiellem Eiweiß für die Tierernährung zu, wo sich insbesondere im Zusammenhang mit der Nutzung von Bakterien und bakteriellen Mischpopulationen ungelöste Fragen ergeben, die technologische Fortschritte nicht wirksam werden lassen. So ist die schon erwähnte Rezirkulierung von mikrobiellem Eiweiß aus der Güllereinigung in die Tierproduktion infolge der offenen Fragen der Wirkung der bakteriellen Eiweiße und möglicher Rückführung nicht metabolisierter Arzneimittel noch nicht ausnutzbar. Auch hier können zukünftige medizinisch-biologische Bearbeitungen nicht nur als Routinetestungen erfolgen, sondern Fragestellungen für die Forschung auf diesem Gebiet müssen zu einer sicheren Beantwortung der Frage nach der Gefahrlosigkeit des Einsatzes solcher Eiweiße in der Tierernährung für den Menschen führen.

Neben dem Eiweiß wird auch die Herstellung anderer Grundstoffe der Ernährung, Kohlenhydrate und Fette, aus Nichtnahrungsrohstoffen diskutiert. Jedoch sind die praktischen Bemühungen weit hinter denen für Eiweiß zurückgeblieben.

Die neuen Möglichkeiten der Immobilisierung von Enzymen, Permeabilisierung von Zellen und der Regenerierung von biologischen Energieübertragern können zu einer Beschleunigung von Entwicklungen zur Umwandlung von Cellulose oder Erdölprodukten in Stärke oder andere eßbare Kohlenhydrate führen (Abb. 29).

Auf dem Gebiet der Fettsynthese ist gegenwärtig keine Bewegung zu technischen Vorschlägen sichtbar. Jedoch beginnt hier die Aufklärung der biochemischen Wirkung einzelner Fettsäuren im menschlichen Organismus technologische Untersuchungen zu stimulieren, die eine mikrobielle Synthese spezifischer ungesättigter Fettsäuren, wie z. B. Linolsäure und Arachidonsäure, zum Inhalt haben.

Zuweilen tritt die Frage auf, ob die synthetische Erzeugung von Nahrungsmitteln eine Ablösung landwirtschaftlicher Produktion bedeutet, also sich damit eine

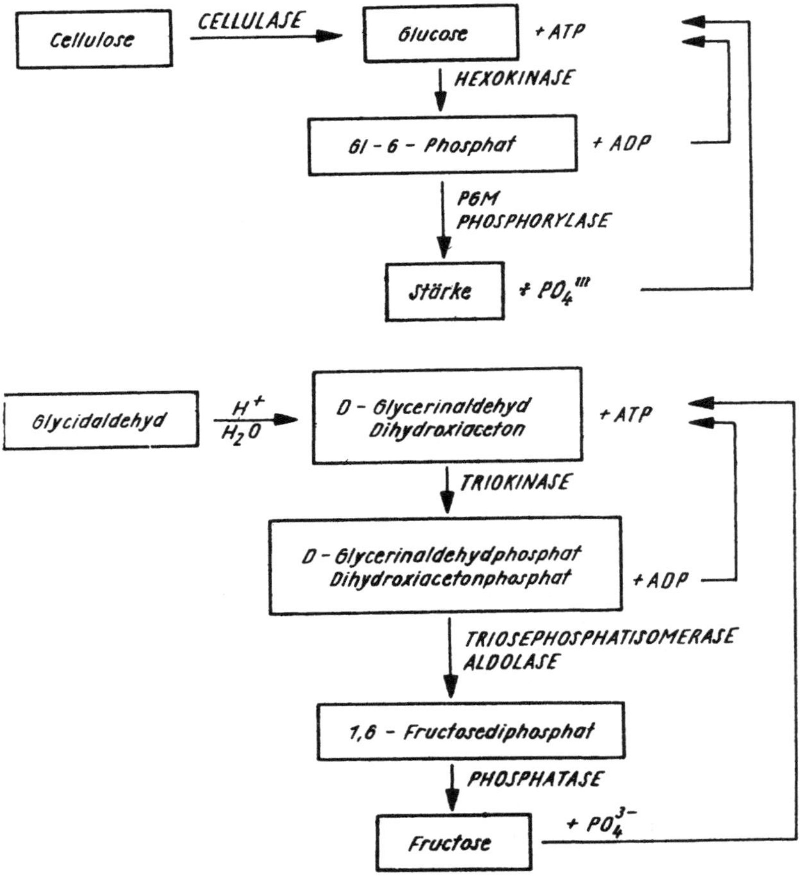


Abb. 29 Möglichkeiten der enzymatischen Wandlung von Cellulose in Stärke und von Glycidaldehyd in Fructose [20]

Konkurrenzsituation entwickelt. In der gegenwärtigen Situation der rascheren Zunahme der Bevölkerung als der landwirtschaftlichen Produktion muß eine solche Frage als gegenstandslos und sogar schädlich bezeichnet werden. Es kann nur von einer Erweiterung der Ressourcen der Nahrungsmittelversorgung, von einer Ergänzung der landwirtschaftlichen Produktion gesprochen werden. Dabei ist von besonderer Bedeutung, daß Nahrungsmittel aus nicht eßbaren Rohstoffen gewonnen werden können. Die Entwicklung der Fleischproduktion in den Entwicklungsländern unterstreicht diese Auffassung (Abb. 30).

| Jahr | Industrieländer | Entwicklungsländer |
|---|---|---|
| 1970 | 25 | 10 |
| 1985 | 32 | 5,5 |

Abb. 30 Produktion von Rind- und Kalbfleisch in kg/Einwohner [3]

Eine interessante Variante der Ergänzung der landwirtschaftlichen Produktion eröffnet sich uns durch das Studium traditioneller mikrobieller und biochemischer Nahrungszubereitungen in Asien und Afrika. Dort sind viele hauswirtschaftliche oder manufakturelle Verfahren zur Umwandlung nicht oder schlecht genießbarer pflanzlicher und tierischer Produkte bekannt, die erst allmählich wissenschaftlich

| Land | Rohstoff | beteiligte Mikroorganismen | Fleischwertigkeit Zusammensetzung | Fleischwertigkeit Geschmack | Produkt | Besonderheiten |
|---|---|---|---|---|---|---|
| Indonesien | Soya | Rhizopus, Bakterien | + | + | Tempeh | 40% Protein, reich an Vit. B 12 |
| Indonesien | Kokosnuß-, Erdnuß-Kuchen | Neurospora | + | + | Ontjom | |
| China / Japan | Soya, Weizen | Aspergillus oryzae | + | + | Shoyu | |
| Japan | Soya, Reis, Gerste | Aspergillus oryzae | + | + | Miso | |
| Indonesien | Reis, Cassava | Chlamydomucor, Hansenula, Endomycopsis | + | – | Tapé | reich an Lysin |
| Thailand | Soya | Bacillus subtilis | + | + | Thua-Nao | |

Abb. 31 Traditionelle Nahrungsmittel in Asien, die durch mikrobielle Einwirkung auf Pflanzenprodukte gewonnen werden [20, 21]

erforscht werden und Anregungen für das Gebiet der synthetischen Nahrungsproduktion erwarten lassen (Abb. 31). Dabei geht es in vielen Fällen darum, Fleischwertigkeit in bezug auf Ernährungswert und Geschmack pflanzlicher Rohstoffe zu erzielen. Als Katalysatoren kommen Mikroorganismen zur Anwendung, die durchaus keine Reinkulturen darstellen, sondern Mischungen von Pilzen, Bakterien und auch Hefen, wobei die einzelnen Spezies Funktionen erfüllen, die erst zusammen die Wertigkeit des Produkts herstellen.

Besonders in Europa ist diesen Verfahren bisher kaum Aufmerksamkeit gewidmet worden. Es erscheint notwendig, diese Variante bei der weiteren Entwicklung synthetischer Nahrungsmittel und Zusätze stärker zu beachten.

*Zum Problem der Nutzung landwirtschaftlicher Produkte als Rohstoffe für die chemische und Energie-Industrie*

Eine unausweichliche Frage tritt mit der Verknappung der fossilen Rohstoffe auf: kann die Landwirtschaft unter den modernen industriellen Bedingungen, die

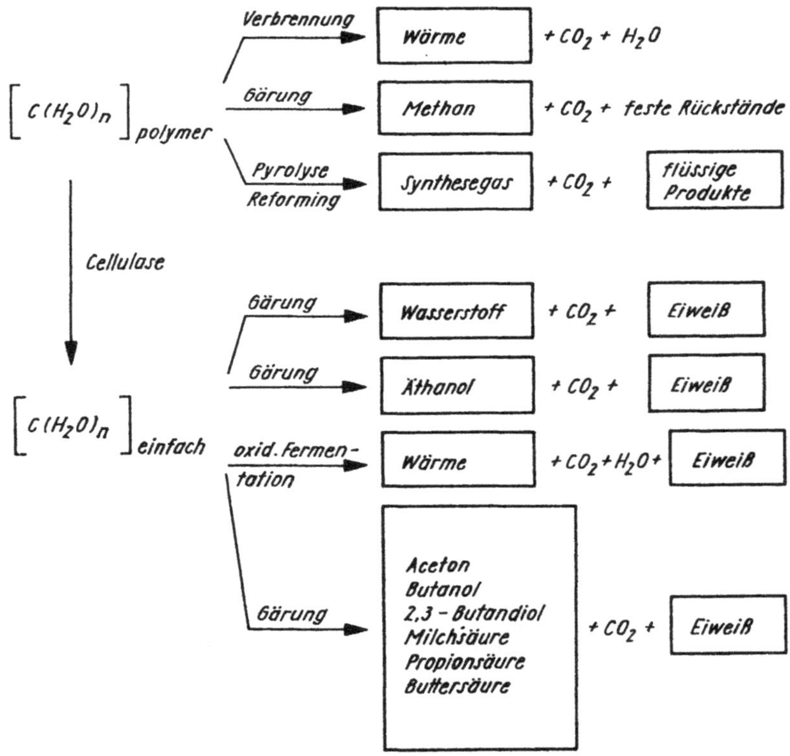


**Abb. 32** Möglichkeiten der Wandlung von Pflanzenbiomassen in Energie und chemische Grundstoffe

große Mengen konzentrierter, lagerfähiger, jederzeit abrufbarer und weit transportierbarer Rohstoffe verlangen, auch Lieferant von Rohstoffen für die Energieerzeugung und chemische Stoffwandlung werden?

Es ist klar, daß diese Fragestellung sich auf die Einkommensenergien nutzende Pflanzenproduktion bezieht. Möglichkeiten der Wandlung von Pflanzenbiomassen in Energie und chemische Grundstoffe sind bekannt (Abb. 32). Darunter befinden sich Verfahren, die um die Jahrhundertwende und teilweise bis jetzt eine wesentliche Grundlage der chemischen Industrie bildeten. So das Lebedew-Verfahren zur Gewinnung von synthetischem Kautschuk aus pflanzlichen Kohlehydraten über Fermentationsäthanol, die Gewinnung von Lackrohstoffen (Äthanol, Butanol) und Treibstoffen (Butanol). Ihre Verdrängung durch die Petrochemie erfolgte aus zwei Gründen: wegen des Fehlens energiesparender Aufschlußmethoden für die billigste und verbreitetste Kohlenstoffquelle, die Cellulose, und wegen der geringen Flächendichte und Geschwindigkeit der Produktion von Pflanzenmaterial. Beide sind heute noch nicht wesentlich verändert. In bezug auf letzteren verdeutlichen das Berechnungen des Flächenbedarfs für die Umstellung der amerikanischen Gaserzeugung von fossilen auf pflanzliche Rohstoffe bei heute gebräuchlichen und willkürlich angenommenen erhöhten Flächenerträgen (Abb. 33).

Gegenwärtig bestehen also keine ernsthaften Aussichten, Gasmengen, die einen nennenswerten Beitrag zur Energieversorgung erbringen, auf diesem Wege zu produzieren. Damit können auch die Versuche eingeordnet werden, aus Abwässern und Abfällen der pflanzlichen und tierischen Produktion durch Methangärung

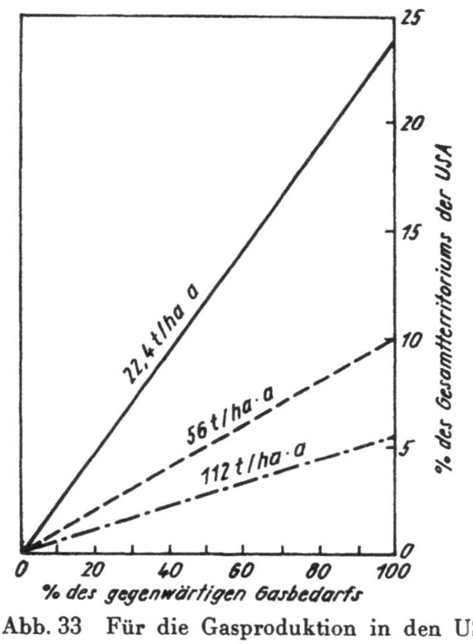


Abb. 33 Für die Gasproduktion in den USA benötigte Fläche bei verschiedenen Produktivitäten [22]

Energieträger zu erzeugen. Dieses Verfahren besitzt zwar den Vorteil, daß das Produkt sich freiwillig von der wäßrigen Phase trennt. Es könnte aber gegenwärtig nur dazu dienen, in kleinen Gemeinden (Größenordnung von wenigen hundert Haushalten) die Wärmeversorgung zu sichern. In verschiedenen Entwicklungsländern, vor allem in Indien, beschäftigt man sich gegenwärtig intensiv mit der Einführung dieses Verfahrens auf dem Land. Es wird als ein wichtiger Beitrag zur Entwicklung der ländlichen Gebiete betrachtet. Auch für unsere Verhältnisse sollte die Anwendung dieses Verfahrens ernsthaft durchdacht werden. Es bringt zwar kaum eine Entlastung der Energiesituation, könnte aber auf dem Lande zur Verbesserung der Lebensbedingungen beitragen. Im Bereich der Wasserwirtschaft der DDR, die über gute Erfahrungen bei der Konstruktion und dem Betrieb von Faultürmen zur Methangärung aus kommunalen Abwässern verfügt, liegt jedoch z. Z. kein Interesse für eine systematische Übertragung dieses Verfahrens vor.

Unter den Möglichkeiten der Herstellung von chemischen Grundstoffen und Energieträgern nehmen die mikrobiologischen Reaktionen einen breiteren Raum ein. Das hat seine Ursache in der Eigenschaft vieler Mikroorganismen, unter anaeroben Bedingungen ihren Vermehrungsstoffwechsel so einzurichten, daß das angebotene Kohlenhydratmolekül dismutiert. Damit wird für die Reduktion des Kohlenhydratmoleküls keine Energiezufuhr von außen erforderlich. Die Reaktionen sind technisch einfach durchführbar. Allerdings werden diese Vorteile mit einem beträchtlichen Verlust an Kohlenstoff erkauft, der im Kohlendioxid festgelegt wird (Abb. 34).

Die größte Verbreitung hat bisher die Äthanolproduktion gefunden. Sie erfolgt jedoch nur auf der Basis stärke- und saccharosehaltiger Rohstoffe oder hexosehaltiger Ablaugen der Zellstoffindustrie (Abb. 35). Gegenwärtig hält die Tendenz

$$C_6H_{21}O_6 \longrightarrow 3CO_2 + 3CH_4$$

Kohlenstoffverlust > 50%
Masseverlust > 73%

$$C_6H_{12}O_6 \longrightarrow 2CO_2 + 2C_2H_5OH$$

Kohlenstoffverlust > 33%
Masseverlust > 50%

Abb. 34 Kohlenstoff- und Masseverluste bei anaeroben Gärungsprozessen

| | |
|---|---|
| Getreide | 15,4 |
| Kartoffeln | 34,1 |
| Melasse | 33,5 |
| Obst | 7,5 |
| Sulfitablauge | 16,0 |

Abb. 35 Gärungsalkohol aus landwirtschaftlichen Produkten und Ablaugen der Zellstoffindustrie in der BRD in 100 t [23]

des Ersatzes von Fermentationsäthanol durch synthetischen Äthanol noch an (Abb. 36). Für die mögliche Umstellung der Großproduktion von Grundchemikalien von fossilen auf pflanzliche Rohstoffe ergibt sich eine ähnliche Situation wie für die Gaserzeugung. Die Gewinnung von Äthylen über Äthanol aus pflanzlichen Rohstoffen erfordert bei den heute gebräuchlichen und willkürlich angenommenen erhöhten Erträgen sehr große Flächen (Abb. 37). In das Diagramm sind zur Verdeutlichung dieser Situation die mögliche Äthylenerzeugung aus dem gegenwärtig produzierten Fermentationsäthanol in der UdSSR und in der BRD aufgetragen. Auch hier ist, wie bei der mikrobiellen Methanproduktion, zunächst die Frage einer Produktion in kleinerem Maßstab zu stellen.

Ähnliche Schlußfolgerungen können für die Wärmeerzeugung aus landwirtschaftlichen Rohstoffen in Anwendung gebracht werden. Hier ist gegenwärtig eine Produktion im großen Maßstab ebenfalls nicht denkbar. Unter örtlich günstigen Verhältnissen können jedoch — technologische Durcharbeitung vorausgesetzt — sowohl Verbrennungs- als auch mikrobiologische Oxidationsreaktionen, letztere gekoppelt mit Wärmepumpen, durchaus anwendbar und vorteilhaft sein.

Damit werden für die Verwendung landwirtschaftlicher Rohstoffe in der chemischen und Energie-Industrie allgemeine Schlußfolgerungen deutlich. Es sollte weniger versucht werden, die Perspektiven einer Ablösung der fossilen Rohstoffe durch landwirtschaftliche allgemein zu betrachten und die gegenwärtige Undurchführbarkeit zu bestätigen. Vielmehr sollten konkrete Forschungsarbeiten bis zur Errichtung von Versuchsstationen ausgeführt werden, die örtliche Gegebenheiten nutzen, um die erforderlichen Technologien für die Verwertung landwirtschaftlicher Rohstoffe zu entwickeln bzw. zu intensivieren und so einen Beitrag zur

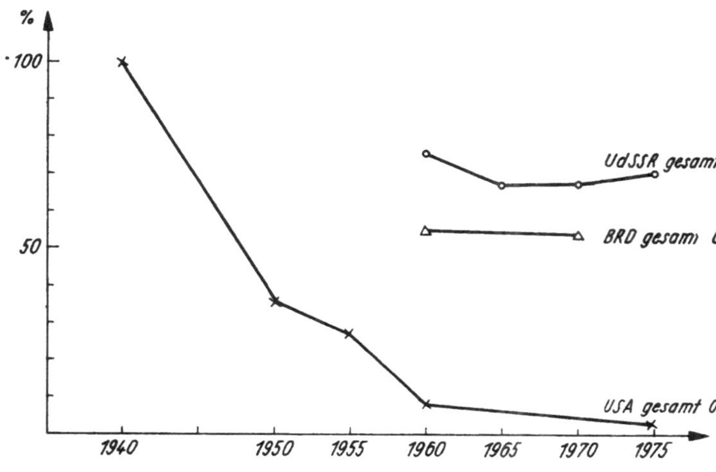


Abb. 36 Anteil des Gärungsalkohols an der Gesamtalkoholproduktion [23]

Entlastung der Rohstoffsituation und zur örtlichen Verbesserung der Lebensbedingungen sowie gleichzeitig für die sachkundigere Beurteilung der Überführungsmöglichkeiten in größere Maßstäbe zu schaffen. Hier ergibt sich für die landwirtschaftliche, biotechnologische und chemisch-technologische Forschung ein weites Feld der interdisziplinären Arbeit, das nur scheinbar eine Klein-Klein-Arbeit darstellt, in Wirklichkeit aber eine Aufgabe von weittragender ökonomischer und politischer Bedeutung sein kann.

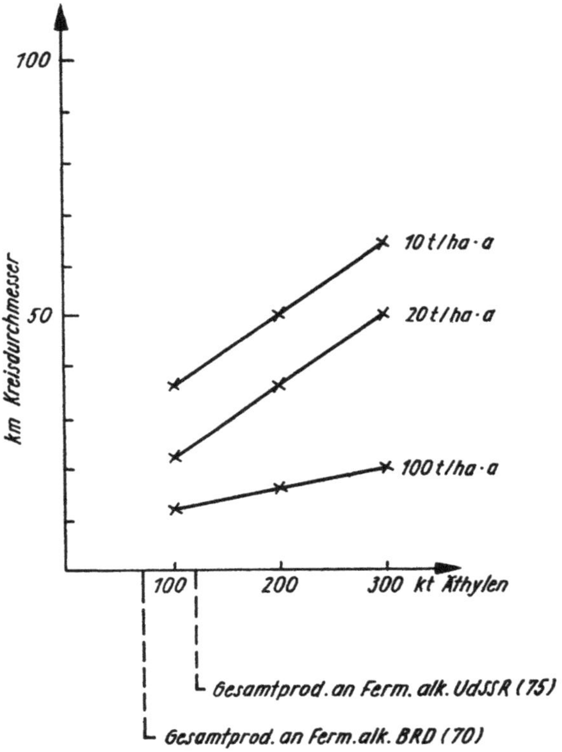


Abb. 37 Für die Äthylenproduktion aus Cellulose benötigte landwirtschaftliche Fläche

*Schlußbemerkungen*

Bei der Breite und Tiefe der Verflechtungen zwischen Chemie und Landwirtschaft, wie sie sich uns heute schon darbieten und wie sie in der nahen Zukunft noch rasch zunehmen werden, steht sicher nach jeder Darstellung und so auch nach dieser die Frage: Welche Probleme haben keine Erwähnung gefunden, was ist zu Recht oder Unrecht vernachlässigt worden?

Wir hoffen, daß wir sichtbar machen konnten:

- die Vielfältigkeit der Beziehungen zwischen Chemie und Landwirtschaft und ihre Zunahme in der Periode der Industrialisierung der Landwirtschaft;
- die zunehmende Rolle der Chemie als Wissenschaft bei der Aufklärung und Steuerung von Lebensvorgängen auf der molekularen Ebene;
- die energetischen Aspekte der Pflanzen-, Tier- und mikrobiologischen Produktion, vorwiegend aus der Sicht des chemischen Technologen;
- die Notwendigkeit und Problematik der weiteren Erhöhung des Einsatzes chemischer Stoffe zur Intensivierung der Pflanzen- und Tierproduktion;
- einige Möglichkeiten und Probleme der industriellen Entwicklung zur Ergänzung landwirtschaftlicher Produktionen, hauptsächlich durch Umwandlung von Nichtnahrungsstoffen in Nahrungsmittel;
- die Perspektiven zur Nutzung landwirtschaftlicher Produkte als Rohstoffe für die Erzeugung von Energie und chemischen Grundstoffen.

Nicht zuletzt wollten wir auf die große politische Bedeutung der Entwicklung der sozialistischen Landwirtschaft und die sich daraus ergebende Verantwortung der damit Beschäftigten hinweisen.

Zu kurz gekommen scheinen unter anderem:

- die nähere Darstellung des Wesens der Industrialisierung der Landwirtschaft;
- die nähere Darstellung der Erkenntnisse der chemischen Wissenschaft für die Aufklärung und Steuerung von Lebensvorgängen;
- die Qualitätsaspekte bei den ökonomischen, energetischen und technologischen Betrachtungen der Pflanzenproduktion;
- die ernährungsphysiologischen Forderungen und Verzehrgewohnheiten bei den Betrachtungen der Tierproduktion;
- die komplexe Betrachtung des Aufwands-Nutzenverhältnisses bei der Chemisierung der Pflanzen- und Tierproduktion unter Einbeziehung physiologischer, ökologischer, toxikologischer und ethischer Faktoren;
- die Auslotung der Tragfähigkeit von sogenannten village-level-Technologien zur Nutzung landwirtschaftlicher Produkte für industrielle Prozesse.

Wir hoffen jedoch, mit unserer Darstellung Anregung und bestimmte Richtungen für die weitere Diskussion zur Erkennung und Förderung des gesellschaftlich bedeutsamen Prozesses der weiteren Entwicklung der sozialistischen Landwirtschaft gegeben zu haben.

*Literatur*

[1] WHITTAKER, R. H.; LIKENS, G. E.; LIETH, H., in: Primary Productivity of the Biosphere, Springer-Verlag, N.Y. Inc., 1975, S. 4.

[2] Ebenda S. 306.

[3] The State of Food and Agriculture 1974 FAO, Rome 1975.

[4] GRÜNEBERG, G., Die gegenwärtagen Aufgaben bei der Verwirklichung der vom 8. Parteitag beschlossenen Agrarpolitik der SED, Dietz-Verlag, 1974, S. 8.

[5] Menéndez, A., Granma (Organo Oficial del Comite Central del Partido Communista de Cuba) **13** (251), 26. 10. 1977, S. 4.
[6] Pimentel, D. et al., Food Production and the Energy Crisis, Science **182**, 443 ff., 1973.
[7] Marx, K., Das Kapital, Dietz-Verlag 1954.
[8] Fratzscher, W., Mitteilung.
[9] Nichiporovich, A. A., Photosynthesis of Productive Systems Jerusalem 1967, zit. in: Kreeb, Kh., Ökophysiologie der Pflanzen, Gustav Fischer, Jena 1974, S. 168.
[10] James, W. O., Einführung in die Pflanzenphysiologie, Paul Parey, Berlin/Hamburg 1965.
[11] Lerch, G., Pflanzenphysiologie, Akademieverlag 1972.
[12] Owens, H., Technology and Use of Inputs, Nat. Agric. Outlook Conf., Washington, D.C. 18th Dec. 1973 zit. in: The State of Food and Agriculture 1974, FAO, Rome 1975, S. 30.
[13] Bach, H., Agrochem. Magazin 5 (1976) S. 8.
[14] Wicke, G., Information über den „agra"-Besuch 1977.
[15] Beljajew, W. D., Mendelew-Journal (Journal der Allunions-Chemie-Gesellschaft) XVII (5), 482, 1972.
[16] Virtanen, A. J., Biochem. Z. **338**, 443, 1963.
[17] Dimter, L., Mitteilung aus dem VEB Landbauprojekt Potsdam, Außenstelle Gaschwitz/Leipzig.
[18] Prause, M., unveröffentlichte Ergebnisse.
[19] Sonnenkalb, W., unveröffentlichte Ergebnisse.
[20] Steinkraus, K. H., Contributions of Asian Fermented Foods to International Food Science and Technology, V. GIAM Conference, Bangkok, 1977.
[21] Flow Diagrams of Some Thai Traditional Foods, prepared by Microbiological Section, Kasetsart Univ., Bangkok, 1977.
[22] Klass, D. L., Hydrocarbon Processing, April 1976, S. 65.
[23] Dimter, L., Äthanol-Studie, Institut für technische Chemie, 1977.

Bei Fragen zur Produktsicherheit wenden Sie sich bitte an:
If you have any questions regarding product safety,
please contact:

Walter de Gruyter GmbH
Genthiner Straße 13
10785 Berlin
productsafety@degruyterbrill.com